转基因作物
应用问答

农业农村部农业转基因生物安全管理办公室　编

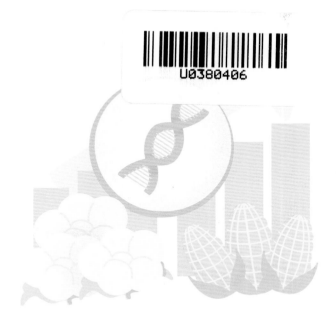

U0380406

中国农业出版社
北　京

图书在版编目（CIP）数据

转基因作物应用问答 / 农业农村部农业转基因生物安全管理办公室编. —北京：中国农业出版社，2023.6
ISBN 978-7-109-30708-7

Ⅰ.①转… Ⅱ.①农… Ⅲ.①转基因植物—作物—问题解答 Ⅳ.①S33-44

中国国家版本馆CIP数据核字（2023）第089070号

中国农业出版社出版
地址：北京市朝阳区麦子店街18号楼
邮编：100125
责任编辑：张丽四
版式设计：小荷博睿　责任校对：吴丽婷
印刷：北京印刷一厂
版次：2023年6月第1版
印次：2023年6月北京第1次印刷
发行：新华书店北京发行所
开本：850mm×1168mm　1/32
印张：1.125
字数：36千字
定价：20.00元

编写委员会

主　编：刘培磊　李　宁　王　航

参编人员（按姓氏笔画排序）：

王　迪　王友华　王颢潜　刘海利

李　鹭　李若男　宋小林　冷佳俊

张　兰　郑红艳　曹伊哲　谢家建

檀　覃

从 20 世纪末开始特别是近年来，世界农业科技竞争日益激烈，以转基因、基因编辑为代表的生物技术和以大数据、云计算为代表的信息技术加速融合，正在孕育新一轮农业科技革命，已成为各国抢占的制高点和全球赛道的必争之地。从世界范围看，转基因农产品生产从 1996 年就开始了，而且在不断提速，其安全性在科学上早有定论、在实践中已得到验证。

对我们这样一个 14 亿人口的大国，保障粮食和重要农产品稳定安全供给始终是头等大事。在耕地面积增长潜力已经不大，自然资源和环境约束日益趋紧的情况下，加快转基因产业化应用，是解决我国粮食安全、生态安全、农业可持续发展的重要途径，受到党和国家高度重视。2022 年 3 月 6 日，习近平总书记在参加全国政协十三届五次会议的农业界、社会福利和社会保障界委员联组会时，明确提出要"加快生物育种产业化步伐"。2022 年中央农村工作会上，习近平总书记再次强调"生物育种是大方向，要加快产业化步伐"。2023 年中央一号文件明确指出"加快玉米大豆生物育种产业化步伐，有序扩大试点范围，规范种植管理"。

自 2021 年起，农业农村部贯彻落实中央决策部署，启动转基因玉米大豆产业化应用试点，结果表明，与常规品种比较，转基因玉米大豆在增产节本增效上都有良好表现。为加快转基因作物产业化应用，解读转基因作物应用概况和管理要点，澄清公众关心的转基因安全性等问题，我们组织编写了这本《转基因作物应用问答》，希望能为大家提供更多借鉴和参考。

本书编写组

2022 年 12 月

目录
CONTENTS

三　转基因安全性

一

转基因作物
应用概况

1. 为什么要发展转基因技术？

答：转基因技术是农业科技的一场重大革命，是全球发展速度最快、应用范围最广、产业影响最大的现代生物技术。将转基因技术用于育种，能够解决常规育种难以解决的抗虫、抗旱、耐除草剂等农业生产重大问题，而且转基因育种比传统育种更加精准、高效和可控。

以转基因为核心的现代生物育种技术在保障国家粮食安全和重要农产品供给、减少农药使用、节省人工、提高产量等方面已显现出巨大作用，成为全球农业科技强国的重点竞争领域，也是实现我国农业高质量发展的必然要求。

2. 我国转基因作物的研发情况怎样？

答：我国转基因作物的研究应用处于国际先进水平，是最早一批种植转基因抗虫棉的国家，国产抗虫棉市场份额达99%以上。近年来，在广大农业科技工作者努力下，我国先后研发出一批具有自主知识产权、性状优良的转基因抗虫耐除草剂玉米和耐除草剂大豆。转基因大豆已获准在阿根廷商业化种植，转基因玉米已获美国食品安全许可，具备了与发达国家竞争的能力。此外，抗虫大豆、抗旱玉米、抗虫水稻、抗旱小麦、抗蓝耳病猪等新产品也陆续得到研究开发，形成一定储备。

3. 全世界转基因作物发展情况怎样？

答：转基因作物自1996年商业化种植以来，在全球范围内快速发展应用，目前每年种植面积近30亿亩*，约占总耕地面积的12%。全世界获得批准生产应用的转基因植物已达32种，已有71个国家和地区批准种植或进口转基因作物，应用最为广泛的是大豆、玉米、棉花和油菜。美国是全球最大的转基因作物种植国，每年种植面积11.3亿亩左右，其中玉米、大豆、棉花、甜菜的种植面积均超过90％。美国以转基因技术和产品优势，保持其在世界农业中的领导地位。巴西、阿根廷等国也大力发展转基因作物，大豆产量和产业竞争力不断上升，出口量已分别位居全球第一和第三。

---

* 亩为非法定计量单位，1亩＝1/15公顷。——编者注

4. 目前种植的转基因作物有什么特性?

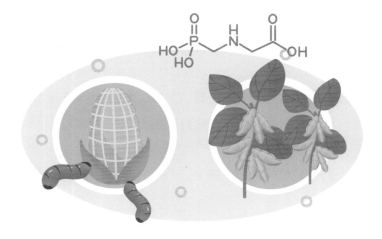

答：目前我国自主研发的转基因玉米兼具抗虫和耐除草剂特性，转基因大豆具备耐除草剂特性。此外，我国还研发和储备了养分高效利用、抗旱节水、品质提高等特性的转基因玉米和大豆品种。

5. 种植转基因玉米有什么优势？

答：转基因抗虫耐除草剂玉米对玉米螟、草地贪夜蛾等鳞翅目害虫的防虫效果在 95% 以上，受虫害影响小，籽粒品质高，可大幅减少杀虫剂用量。该转基因玉米能使用草甘膦除草剂，不仅除草效果好，而且在土壤中的残留低，不影响下茬作物耕种，既节省人工，又降低成本。

6. 种植转基因大豆有什么优势？

答：转基因耐除草剂大豆喷施 1 次草甘膦除草剂，除草效果可达 90% 以上，喷施后大豆没有缓苗过程，优于常规大豆喷施 2～3 次除草剂的效果，可显著减少除草剂施用次数和用药成本，降低人工劳动力成本。而且草甘膦降解较快，不会影响下茬作物轮作和耕种。

二

转基因作物
管理要点

7. 利用转基因作物轮作时需要注意什么？

答：转基因玉米、大豆都可耐草甘膦除草剂，方便轮作种植。首次种植转基因耐除草剂作物进行轮作时，需要考虑前茬作物是否过量使用长残留的除草剂，如上茬玉米或高粱过量使用莠去津除草剂，再种植转基因大豆或常规大豆均易产生药害。具体情况可咨询当地农技人员、农资店等。

8. 种植转基因作物有什么注意事项？

答：首先看包装标识，选择通过国家审定（或试点专用）的转基因作物种子，质量有保障；其次，根据当地农作物生产的需要选择相应类型的转基因产品，如在玉米螟发生较重的地区，购买转基因抗虫玉米；再次，要严防转基因种子与非转基因种子掺杂，避免出苗后喷施草甘膦除草剂将非转基因植株杀死而造成缺苗。

9. 种植转基因耐草甘膦作物，可以随便在市面上购买草甘膦除草剂吗？

答：不可以。转基因作物要使用指导用药目录推荐的草甘膦除草剂。市面上草甘膦产品品牌很多，有些草甘膦产品主要用于非耕地、林地等场所除草，为达到更好的除草效果，这些草甘膦产品可能会掺入其他除草剂，这样的草甘膦产品不能用于转基因作物。

10. 喷施草甘膦除草剂有什么注意事项？

答：草甘膦是一种非选择性除草剂，俗称"见绿杀"，喷施过程中需使用防护罩并做好隔离，以免草甘膦药液漂到周围其他非转基因作物上造成药害。除此之外，喷施时还应注意3个方面：首先，要认真阅读包装袋上的特征特性说明，确定种植的转基因作物为耐草甘膦的类型；其次，喷施器具要选择扇形喷头，喷施时径直行走，不要左右扫喷，这样喷施的草甘膦均匀且不易重喷而产生药害；最后，完成草甘膦喷施后，要对喷施器具进行2～3次的彻底清洗，以免下次该器具在其他非转基因作物上使用时产生药害。

11. 转基因耐草甘膦作物可以二次喷施草甘膦吗？

答：可以喷施第二次，需要根据控草效果而定。如果喷施 7 天后由于下雨等原因造成控草效果不佳或田间存在二茬草，可以再次喷施，具体使用方法需根据指导用药目录推荐的草甘膦除草剂说明书进行使用。

12. 如何利用转基因玉米防治虫害？

　　答：目前国内研发的转基因抗虫玉米对玉米螟、黏虫、草地贪夜蛾等鳞翅目害虫具有很好的防治效果，可根据害虫发生状况选择不同类型的转基因种子，一般不用喷施杀虫剂防治此类害虫。如果田间发现蚜虫、朱砂叶螨和双斑萤叶甲等害虫为害时，应采用喷施杀虫剂等措施进行防治。

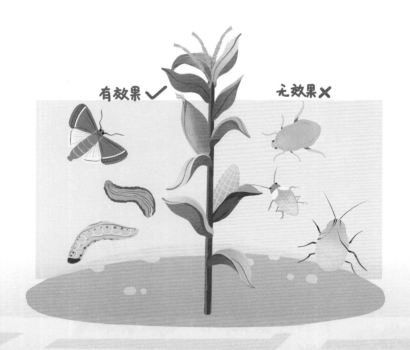

有效果 ✓　　　　无效果 ✗

13. 如何选择转基因抗虫玉米？

答：目前有多种转基因抗虫玉米，要根据当地害虫发生状况和转基因玉米的特征特性选择不同品牌的转基因种子。在购买种子时，要详细阅读包装袋上的特征特性说明，按照生产需要购买。如东北玉米区以玉米螟为害为主，需选择抗玉米螟的转基因种子；西南玉米区以草地贪夜蛾害虫为主，需选择抗草地贪夜蛾的转基因种子。

14. 转基因作物收储需要注意什么?

答:批准种植的转基因作物已获得生产应用安全证书,与常规作物一样,可以自己留作粮、饲之用;可以卖给收储机构,并告知收储人员所卖产品为转基因产品,便于收储人员进行标识和销售;也可以直接卖给具有转基因加工资质的企业,如饲料加工厂等,同样需要告知加工企业所卖产品为转基因品种。

15. 转基因作物与常规作物在田间管理上有什么不同吗？

答：转基因作物更适合密植、少耕免耕、轮作间作、秸秆覆盖等绿色轻简化栽培技术，无须防治玉米螟等鳞翅目害虫，可以使用草甘膦除草（常规作物上的专用除草剂也可使用）。与常规作物相比，转基因作物仅在收储管理上有所不同，其他管理措施与常规作物一样。

16. 转基因产品的标识管理有什么要求？

答：我国对农业转基因生物实行标识制度，对列入标识管理目录并用于销售的农业转基因产品，如转基因大豆油、菜籽油等，均要进行标注。转基因标识和安全性无关，是为了保护消费者的知情权和选择权。

三

转基因
安全性

17. 转基因作物安全吗？

答：转基因作物上市前都通过了严格的食用饲用安全和环境安全评价及检测验证，确保不存在安全性方面的问题。众多国际权威机构长期跟踪评估结果表明，通过安全评价、获得政府批准上市的转基因产品是安全的。转基因作物商业化种植二十几年来，全世界累计种植 400 多亿亩，70 多个国家和地区几十亿人食用转基因食品，未发生一例被科学证实的安全问题。

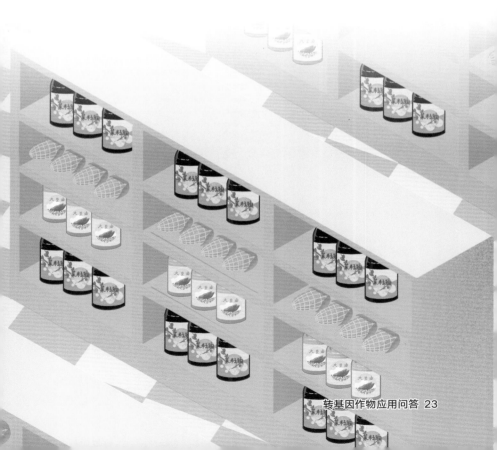

18. 转基因食品能不能长期吃？会不会影响后代？

答：转基因食品跟天然食品一样，在人体消化道会被消化分解。转基因成分在人体中不能积累，不会因为食用而对身体造成影响，更不会改变我们的基因，影响后代。

从生产实践看，人类食用植物源和动物源的食品已有上万年的历史，这些天然食品中同样含有各种基因，但是我们从未担心食物中来自动物、植物、微生物的基因会改变人类的基因或遗传给后代。

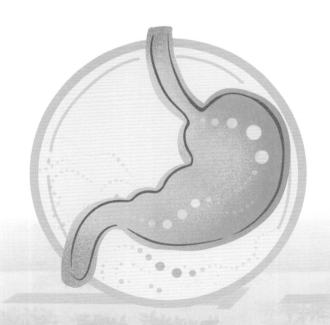

19. 转基因玉米秸秆可以用作饲料吗？

答：转基因玉米的用途与常规玉米没有差别，其秸秆的处理方法与常规玉米秸秆的处理方法也是一样的，转基因玉米秸秆既可以还田，也可以用作饲料喂养畜禽，这在我们大量的试验和试点中已经得到验证。"转基因玉米秸秆味苦，牲畜不能吃"的说法是没有科学依据的谣言，事实上转基因作物早已被用作饲料，其安全性经过了长期的实践验证。

20. 其他国家吃不吃转基因食品?

答:美国是全球最大的转基因食品生产和消费国,其种植的 50% 左右的大豆和 80% 以上的玉米都在国内消费,欧盟、日本 每年都会进口大量转基因农产品,主要是大豆、玉米、油菜、甜 菜和其加工品。

21. 转基因抗虫玉米虫吃了会死，人吃了会不会有事？

答：抗虫转基因作物转入的基因主要来自苏云金芽孢杆菌的 *Bt* 基因，这种 *Bt* 基因产生的杀虫蛋白只能与特定害虫肠道上的特定位置结合，使害虫因肠道穿孔而死亡。人类胃肠道细胞没有结合这种蛋白的特定位置，抗虫蛋白进入消化道后只会被消化降解，不会对人体造成伤害，就像驱虫药宝塔糖，人吃了后蛔虫会死，人却没事。

22. 转基因玉米和大豆能发芽吗？能留种吗？

答：转基因玉米和大豆与普通玉米和大豆一样，都能发芽。作物能不能留种和转基因没有关系。转基因培育出来的优良性状，既可以转入常规品种，也可以转入杂交品种。如果是常规品种，则可以留种；如果是杂交品种，则不能留种，因为品种性能会退化。